目次

關於封面

位於多治見山丘上的
五味謙二的工作室涼風吹拂著。
日置武晴把一個作品拿在手上，
凝視著作品的底部。
然後他所拍下的就是本期的封面。
表面宛如流動般的質感，
醞釀出不可思議的魅力。

特集

喜歡的書櫃

我不知道與書櫃的交往（？）
是容易還是困難。
應該是因人而異吧？
很在意的時候，即使是半夜也會想要整理書櫃。
喜歡書櫃的人，
是在什麼樣的書櫃上
整理著什麼樣的書呢？
因為職業的關係，
選擇的書也會不一樣吧！
當然也會有人覺得
「不好意思給別人看自己的書櫃」。
雖然這是硬著頭皮去拜託的企劃，
但最後成了一個愉快且非常有趣的特集。
有傳達了自己的品味與興趣的人，
也有完全不講究、
就用現有東西的人，
或是將老傢俱再利用等，
每次拜訪都令人更加興致盎然的書櫃。
秋日的某一個夜晚，與自己的書櫃
思考選書的事或許也會很快樂呢！

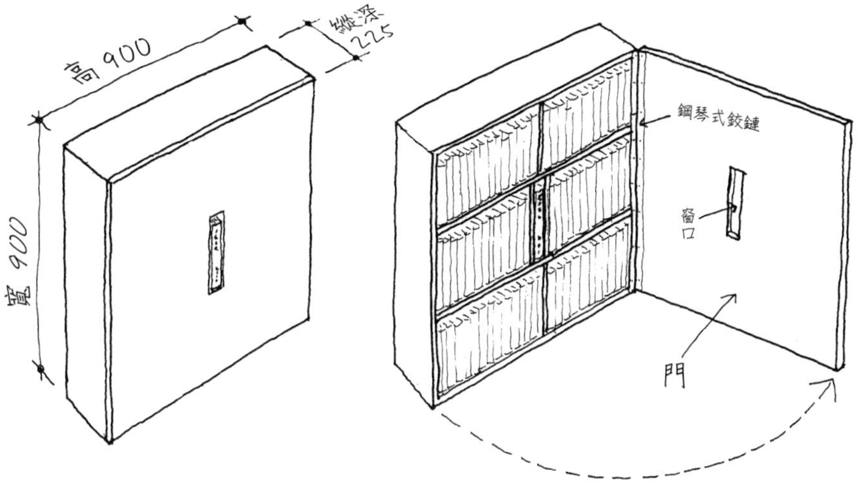

The Book Shelf

只能窺見一本愛書書背的壁掛式書櫃

Kobun NAKAMURA

去拜訪的那一天，建築家中村好文說：「我有一個以後想要打造的書櫃。」然後素描給我們看。這是一個非常有趣的點子，而且是從未有過的書櫃。因此，請他讓我們將這張素描放在書裡，就是上面這張圖。

中村好文
建築家自己設計的書櫃

利用樓梯上多餘的空間，做了一個書櫃。裡頭的讀書區飄散著祕密小屋的氛圍，勾起少年時的鄉愁。這是建築家才會下此般工夫的書櫃。

攝影—日置武晴　翻譯—李韻柔

1 選擇和製作書櫃時最講究的是什麼？

室內看得到許多露出的水泥樑柱，為了處理這個我十分頭痛，然後突然想到，不如在這裡做個書櫃。因為在橫樑上做書櫃，要放重量較重的書也很適合，橫樑突出的部分正好可以當作書櫃內側，完全解決了樑柱露出的問題。

若是要設計一個家，我希望做出來的是一個連自己都會感到舒服的地方。通過可動式的空中走廊就能到達，被書櫃圍繞的個人讀書區就是其中一個想法。孩提時代，我會爬上大樹坐在樹枝上看書，或是連燈帶書的躲在櫃子裡閱讀，而這個讀書區就承接了那二段記憶。

2 最理想的書櫃

這不是每個人都不一樣嗎？什麼類型的書籍有多少？住在什麼樣的地方？在居住場所的何處？有什麼樣的書櫃可以放？應該問一百個人就會得到一百種理想的書櫃吧！

其實，我家的書也無法全收到這個書櫃上，和建築有關的書我放在事務所，文庫本的書櫃在房間等等，分散各處。我正在考慮，以後不再增加書的量了，而是要一點點的整理、減少，接下來會變得怎樣呢……。

4 最近最喜歡的書？

雖然喜歡的書我多到數不完，但我從以前就非常喜歡吉田秀和與芥川比呂志的散文，讀了好幾遍呢！吉田秀和善於表達，一條腸子通到底的文章和其內容深度十分吸引我，而芥川比呂志對於文字的處理滑順到讀起來賞心悅耳，我十分喜歡。也許那種文體和他曾經身為舞台劇演員有關，《輕鬆的台詞》中就洋溢著他獨特的幽默和輕妙灑脫，非常有趣。

輕鬆的台詞
新潮社　1977年發行

右 從客廳看到的書櫃，右下方的板子是空中走廊的一部分，照射在彩色玻璃瓶的光線很美麗。

左 書櫃深處的讀書區和中村好文，打開讀書燈，就變成一個舒適的角落了。

東京ラブストーリー
Do Da Dancin'!
ノスタルジア
少年H
ホノカアボーイ
ホームタウン
ソングライン
時雨の記
神々の山嶺
秘伝「かくし味」
限りなく透明に近いブルー
Bitburger Pils
FALKEN
豊田章男の人間力
新コンサイス英和辞典
アガサ・クリスティ
第三の嘘
昨日
夜の寝覚め
高村薫
山
母のない子と子のない母と
若荷谷の猫
とことんおでん紀行
妖精愛
助教授ルリ子の恋
十四歳のエンゲージ
LESSONS
レッスンズ
白の月
魯山人の料理王国
最新きもの用語辞典
日々の食
ジゴロ
あの人の食器棚
海猫
黒髪
アイ・アム・ア・ウーマン
みにくいあひるの子
時のない島
ショッピングのような結婚
僕らの広大なさびしさ
黒猫ロック
アブサン物語
静寂の子
海辺のカフカ
天然日和
漂砂のうたう

一面牆壁的中間書櫃。在小小的窗台上裝飾了花瓶和小擺設。窗的外面則是庭院。

飛田和緒

用來收藏CD的架子，之後就直接拿來放書了

飛田和緒去年搬進新家，
而新家之前的主人是個音樂家。
車庫深處，一個半地下的房間是混音室。
佔滿一面牆的CD架就直接當書櫃使用。
架子間有個小窗，
為半地下的房間注入湘南的陽光。

攝影—日置武晴　翻譯—李韻柔

1 選擇和製作書櫃時最講究的是什麼？

我沒有什麼特殊堅持，只要容易找、容易拿就可以了。

2 最理想的書櫃

可以的話，我希望是不用踏台也能拿到的高度，但是以現有的書籍數量，實在很難像期待一樣收納。

3 對書的擺放有什麼講究之處？

大概以類型、喜歡的作者來分類。

4 最近最喜歡的書？

十幾二十歲讀的三浦綾子作品，現在又從第一本開始讀了。最近剛好有機會得到中學時讀過的《冰點》，就又重讀了起來，我有讀了一本就會找同個作者其他書來讀的習慣。

5 工作上需要的書或是有幫助的書

武田百合子的《富士日記》、澤村貞子的《我的菜單日記》、桐島洋子的《聰明女人的好吃料理》、磯淵猛的《有紅茶的餐桌》、伊薩克・狄尼森（Isak Dienesen）的《芭比的盛宴》、辰巳濱子的《料理歲時記》等等，都是能帶給我料理想法刺激的作品。

6 影響人生的書？

《鯉魚村》（岩崎京子著）是一本重要的書。

小學時因為讀了松谷美代子和岩崎智廣的繪本、夏洛克・福爾摩斯等偵探小說、《昆蟲記》等而喜歡讀書。此外，還有少女漫畫，特別是芭蕾或舞蹈、滑冰的題材。沒有動力的時候讀，也不知為什麼就會充滿能量了。

7 在何時何地讀書？

睡前或搭電車時，能夠有較長休息時間的時候，但現狀是找不到時間看書。

8 有閱讀時的規矩或規則嗎？

沒有，為了隨時都能看書，會在床邊和客廳擺放想看的書，或是放進包包裡。

鯉魚村
新日本出版社　1969年發行

在櫃子的中層和下層放入CD架，每個架子上都放著書。
關上櫃子的門，看起來就是普通的儲藏室了。

中川千惠

拿樹櫃的一角當書櫃

在隅田川畔經營雜貨店「隱居」的中川千惠是個散文作家。自家距離店面不遠，而他的房間和樹櫃裡的書櫃充滿著昭和的懷舊氣息。

攝影─公文美和　翻譯─李韻柔

左　餐桌上的咖啡香
　　花神社　1992年發行
右　難以放下的東西
　　文化出版局　1971年發行

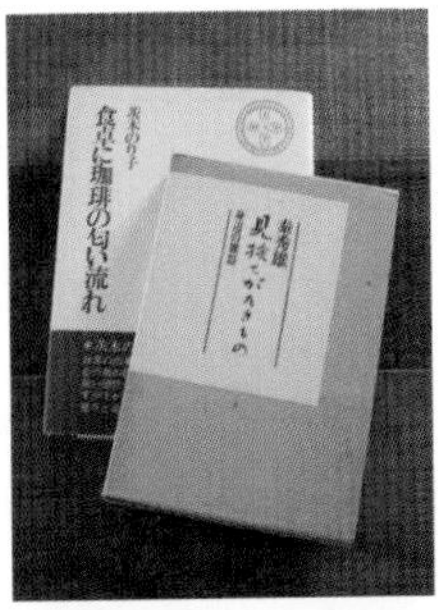

古董文具桌的旁邊擺著展覽的目錄和圖像書。

1　選擇和製作書櫃時最講究的是什麼？

我沒有什麼特殊堅持，只要能放進去就好。

2　最理想的書櫃

我覺得家具中有書櫃很棒，也很喜歡附梯子的書櫃。說到有書的空間，我喜歡國際兒童圖書館。書櫃圍出一個圓，中間放有兒童桌椅，書也排在小朋友伸手就拿得到的高度。這對個子嬌小的我來說剛剛好，挑選的書也很優秀，讓人想待在那裡一整天。

3　對書的擺放有什麼講究之處？

依書的大小和種類排列。

4　最近最喜歡的書？

茨木紀子的詩集《餐桌上的咖啡香》，因為詩是能隨著當日心情隨機閱讀的。每次去圖書館翻閱時都覺得好棒，最近終於在家附近的二手書店找到了。

5　工作上需要或是有幫助的書？

秦秀雄的《難以放下的東西》，它教會了我對待事物的心。在那麼多的東西裡，以自己的基準來挑選適合生活的感覺，並把這個感覺和生活整體做平衡。不管是我的店或我自己，都想達到這個樣子。

6　影響人生的書？

澤村貞子的《我的淺草》，因為店離淺草不遠，透過節奏順暢的文章就能讀著讀著感受到過去的淺草氣息。不管是生活方式或其他，都讓我有一夕之間長大的感覺。也會重新省視自己的文章，說起來，我還是最常看散文了。

7　在何時何地讀書？

我常常同時讀好幾本書，帶在身上的是文庫本，雜誌則是泡澡時的讀物，睡前也會看書。

8　有閱讀時的規矩或規則嗎？

沒有，通常我都不會請店員加上書店的文庫書套，但是我喜歡新潟北書店書套的簡約風格，非常小心的使用。

木工房二樓的書櫃，剛好擋住了後面的廚房，
架上也有三谷龍二製作的容器。

三谷龍二
可兼當隔間的書櫃

三谷龍二的工房位於松本市的小丘上，
木工房和漆工房各自獨立，
所以有各別訂製的書櫃。
兩邊的書櫃大小和高度都如房間隔板一般，
還可兼具裝飾用途，
可以窺見三谷龍二的講究之處。

攝影—三谷龍二　翻譯—李韻柔

1 選擇和製作書櫃時最講究的是什麼？

木工房的二樓因為是招待客人的場所，書櫃肩負擋住後面廚房的責任。但又不想讓桌子這裡的陽光和風被擋住，考量了高度和寬度製作了現在的書櫃。為了能馬上查閱，這裡擺了比較多和工藝有關的書。

漆工房那裡的書櫃，是以和美術相關的書籍為主。因為是請當木工的朋友做的，使用真正的櫟木，非常堅固。使用單一木材容易有沉重的感覺，提出考量後請對方特別注意這點。

2 最理想的書櫃

對於書籍收納方面我有很多煩惱，因為書是會一直增加的東西。為了想到時能馬上找到，就想要把他們放在伸手可及的地方。但是，堆得跟山一樣的書會讓人感覺煩躁，我也不喜歡房間因為這樣而有鬱悶的感覺。

一年沒碰的書就丟掉，因為我的意志不夠堅強，一定會有個「再放一下好了」的灰色地帶。

其實還有照片沒拍到的書櫃，那些就幾乎是灰色地帶了。理想或極致的狀態都離現狀很遠，如果有什麼好方法（整頓書櫃）的話一定要告訴我。

3 對書的擺放有什麼講究之處？

去到有優秀老闆的書店，那裡好像是配合老闆的思考狀態，系統化的排列書籍，光是看著就感覺想法被整理似的。但是我的書櫃完全沒有什麼分類方式，只是隨意的把它們排上去。

4 最近最喜歡的書？

田村隆一的《我的野餐》，那是我在手工藝品展的會場找到，受書名和裝幀吸引而買的書。野餐和書名雖給人輕鬆的印象，其實那是田村龍一描繪自己在戰時和戰後看到的風景，他經過的是三十年前的日本。人會一直被自己的經驗綁住，然後不停的寫下對這件事的解答吧！

5 工作上需要或是有幫助的書？

澤口悟一的《日本漆工研究》，開始做漆工後，才發現和木工比起來，介紹書和技術書的種類非常得少。若不進入產地內部，就幾乎無法踏上學習上漆技術之道。而這本書可以說是唯一詳細記述上漆技法的書。

漆工房的書櫃成為玄關和後方工作室的隔間。

6 影響人生的書？

伊丹十三的《女人啊！》，這本書出版於1968年，那時我還是個在鄉下念書的高中生。對我來說完全是實用書，像是一手拿書邊做著培根蛋奶義大利麵，或是調侃似的告訴女孩子「妳知道正確食用荷包蛋的方法嗎？」（現在想起來都讓人臉紅），是本什麼事都能用的書。但是，經過了15年，書裡寫到的奶油盒，竟然現在由我製作出來，是做夢也沒想過的，這是一本告訴我看見生活中小事重要性的書。

7 在何時何地讀書？

晚飯後，直接在餐桌上開始看書是最常發生的。

8 有閱讀時的規矩或規則嗎？

沒有特別的。

女人啊！
新潮社　2005年發行

日本漆工研究
美術出版社　1966年發行

我的野餐 1981.7-1988.3
朝日新聞社　1988年發行

起居室沙發旁邊的梯子跟椅子上面也都放了書。

久保百合子
心愛的書櫃毀於地震

料理造形師久保百合子的好奇心很旺盛。她愛吃，也愛書本與雜貨。選品的眼光獨樹一格。據說做工講究的書櫃毀於地震，如今的書櫃只是暫時的。佇立在舒服的書房（？）

攝影—公文美和　翻譯—褚炫初

從料理到文學、散文、繪本，還有設計與裝潢的書籍塞得滿滿。

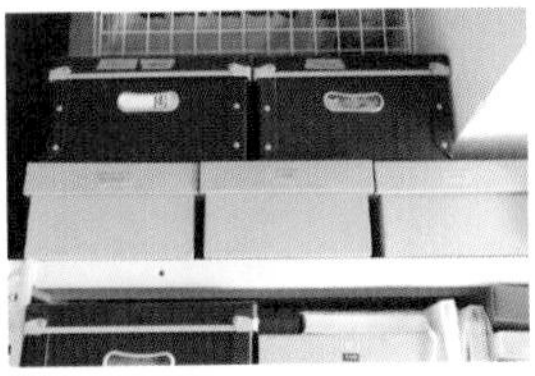

漫畫收納在盒子裡，書名寫在紙膠帶上。

1　選擇和製作書櫃時最講究的是什麼？

沒什麼講究的地方。我工作的房間有點像是操縱艙，固定在牆上心愛的書櫃因為地震壞了，於是買了鋼製的書櫃來應急。堅固而且方便收納就好了。至於起居室，我在沙發旁邊擺了一個外國製的古董梯子，把剛買的、或跟朋友借來的書擱在上面。

2　最理想的書櫃

如果可以住在寬敞、天花板又很高的家，我會訂做一個超大的書櫃，完全不用擔心收納上的限制買書，然後把書陳列得很美。

3　對書的擺放有什麼講究之處？

書的大小以及分類。

4　最近最喜歡的書？

應該是川島小鳥的《未來小妹妹》。她真的好可愛啊！不只是擺在書櫃，我帶著它四處移動，有空就看一點。譬如說放在儲物櫃上，要拿襪子的時候就翻一下。

5　工作上需要或是有幫助的書？

有料理與食物照片的書當然不在話下，還有像純文學的書、從前的小說等等，能夠瞭解用餐的人們身處的時代、生活以及背景。

6　影響人生的書？

大橋鎮子女士的《獻給美好的你》。最先是因為它擺在媽媽的書櫃裡所以才讀到。我是在鄉下長大的，巴黎或成熟的氛圍什麼的讓我覺得「哇——好棒哦——」。農文協出版的《日本食生活全集》也是媽媽書櫃裡的書，我把覺得她應該不會看的幾本偷偷的拿走。也許母親的書櫃對我影響很大。

7　在何時何地讀書？

由於現在不太搭電車了，所以大部分都在家看。坐在沙發上看攝影集那種大本的書、浴室裡看雜誌等弄濕弄皺也沒關係的讀物、睡前看小說或者漫畫。睡房裡擺文庫本的角落，有些不同閱讀脈絡的書籍，譬如說團鬼六先生的自傳等。

伊藤環

別人送的老茶櫃

三浦半島尖端的港都三崎，
伊藤環的工作室就位於海邊的小商店街裡。
過去的木材行變成寬敞的工作室和藝廊，
作為書櫃的老茶櫃放在其中一個角落。
可能是在往來自家與工作室之間，
漸漸就把資料類的書籍放在工作室了吧！

攝影―公文美和　翻譯―褚炫初

1　選擇和製作書櫃時最講究的是什麼？

這個茶櫃本來是用來擺放作品陳設的，結果資料之類的快要沒地方放才成了書櫃。這是我父母家附近老家的奶奶送給我的。據說是她的嫁妝。雖然很舊但因為是原木，到現在還很堅固。

2　最理想的書櫃

我的理想是想請木工訂做原木的書櫃。這是我跟妻子在聊的夢想，工作室跟住家有點距離，但是兩者之間有條相連的廊道，走廊兩側都是書櫃，這樣很棒。

3　對書的擺放有什麼講究之處？

應該是高度吧！讓高度一致不要凹凹凸凸的。還有就是不希望愛書的書衣什麼的損毀，所以收放時都會小心翼翼。

4　最近最喜歡的書？

藝術家TAPIES的作品集。學生時代買的。對當時的我來說是一本昂貴的書，應該是下了滿大的決心才買得下手。
他的畫使用類似拼貼的技法，我覺得跟泥土的質感有點相通。這本書很可能已經成為我對事物的喜好標準。當我的頭腦被制約、想法逐漸僵化的時候，看這本書可以讓我耳目一新。

5　工作上需要或是有幫助的書？

雖然在這的每本書都是，不過可能是陶瓷大系的《彌生》吧！
裡面有1500年前的馬克杯很有意思哦！看了這本書，會察覺遠古和當代的設計，其實沒有太大的改變。

Tàpies Rizzoli
1989年發行

陶瓷大系 2 彌生　平凡社
1973年發行

伊藤環的作品與書和諧地放在一起。下層的漫畫是最近朋友送的。
左邊的紅色物體（？）是科勒曼（Coleman）的營燈。

伊藤正子的新書

心愛的書籍
擺在客廳書櫃

伊藤正子的新書
《伊藤正子的雜食性閱讀　日日、是、一冊》
封面就是伊藤正子的書櫃。
洋溢著品味與行動力、好奇心，
閱讀、行走、用餐、與人相會，
伊藤正子的講究與品味
全都凝聚在她的書櫃裡。

攝影─伊藤正子　翻譯─褚炫初

1 選擇和製作書櫃時最講究的是什麼？

我一個月大概會翻閱30～60本書。有些當然是自己買的，也經常收到認識的編輯與作家贈送的書。總之因為會越積越多，為了想要看起來整齊清爽，我訂做了全白的書櫃。並將烹飪類書籍擺在廚房餐具櫃的一個角落。

出於女兒的請求，兒童房的一整面牆也裝上大書櫃。衣帽間一邊的牆面也是整片都是書櫃。

2 最理想的書櫃

小沒關係，除了出入口以外，希望所有的牆到天花板全是書櫃，我認為若能擁有一間「書本的房間」應該很棒吧！架個梯子方便爬高。會想待上一整天的空間。

3 對書的擺放有什麼講究之處？

由於起居室的書櫃，擺著除了烹飪以外，還有小說、攝影集、散文、畫冊等各種不同領域的書籍，所以我費了番工夫將書背顏色、風格相近的排在一起，看上去才清楚整齊。

當書背太過醒目、與其他書本格格不入的時候，我會將它們平放以剖面示人。還有排得太擠看起來很死板，所以我會把雜貨擺上去。

4 最近最喜歡的書？

串田孫一還有牧野富太郎等等，我從二手書店買回家，讀得很入迷。還有讓人感動非常、曾得到澳洲兒童圖書獎的《*The Silver Donkey*》這本書。別因為是兒童文學就認定只適合小朋友，那就太可惜了，這書很棒。

6 影響人生的書？

實在太多了，列舉從小就非常喜歡的三本書好了。朵貝・楊笙寫的《快樂的嚕嚕米家庭》、維吉尼亞・李・巴頓的《小房子》、迪布納的《米飛兔》。

7 在何時何地讀書？

哪裡都可以。最常在家裡起居室的沙發，累的時候也會懶洋洋的賴在床上看書。還有在公園的板凳、電車裡、咖啡廳等。

8 有閱讀時的規矩或規則嗎？

沒有特別的規矩。因為看書就是最好的心情轉換，所以工作不順的時我會看書、忙到腦筋轉不過來時也會看。還有，除了讀自己喜歡的書以外，有時候有會看人家推薦的。我不喜歡擅自認定繪本是孩子看的、兒童文學是給兒童讀的，只要是有趣的好書，什麼都可以接受。週刊少年JUPM我也看喲。

廚房餐具櫃擺了與烹飪有關的書籍。

米飛兔
福音館書店　1964年發行

小房子
岩波書店　1954年發行

快樂的嚕嚕米家庭
講談社　1990年發行

廣瀨一郎
書房一角的訂製書櫃

廣瀨一郎就算人在店裡，
沒客人時也都在看書。
我總是對他的博覽群書感佩不已。
大約五年前重蓋的家，
書房一角有個很厲害的書櫃。
他看書的範疇涵蓋甚廣。

攝影—日置武晴　翻譯—褚炫初

1 選擇和製作書櫃時最講究的是什麼？

這個家蓋的時候，關於書櫃有過許多方案，最後聽到「用等邊格子切割視覺上比較美觀」的說法，於是成為這樣的書櫃。我希望能將想讀的、喜愛的書本放在看得見、舉手可得的地方。至於從學生時代到三十幾歲那陣子看過的書，就裝進紙箱放入收納倉庫。

3 對書的擺放有什麼講究之處？

說明起來不容易，會有我個人的思考、把人文書系或美術書籍之類的在某種程度上分類。

4 最近最喜歡的書？

我很信賴的藝術評論家椹木野衣的《反藝術入門》、松井綠的《ART：「藝術」終結後的「ART」》都啟發了我。

5 工作上需要或是有幫助的書？

中島喬治著的《木之心》還有柳宗悅的《工藝文化》，一有機會我就會讀。

6 影響人生的書？

年輕時對當代藝術有興趣，瀧口修造與宮川淳的書，給我很多刺激。邁入三十多歲以後，從這裡有的安東次男的《古美術　拾遺亦樂》，開始逐漸親近古董與工藝的相關書籍，成為我重新審視生活的開端。也與如今開了介紹生活工藝的店有著關連。

7 在何時何地讀書？

隨時隨地都可以看書。有時間可以慢慢看的時候，這個角落的樓上有把較能放鬆、閱讀用的椅子，我很常在那看書。

8 有閱讀時的規矩或規則嗎？

沒有特別的規矩，我會專心讀到一個段落。累了就下樓到起居室休息一下。年輕時對於在書本上畫線會有所遲疑，近來對上了心的句子或文章不但畫個不停、還會貼上標籤索引。既然與這本書相遇，便希望能將它物盡其用。

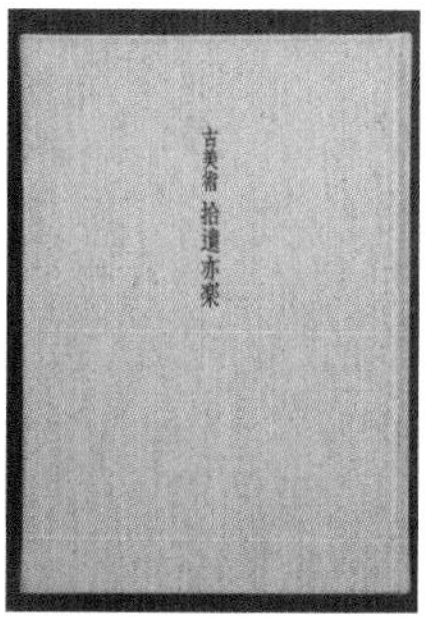

古美術 拾遺亦樂
新潮社　1974年出版

工藝文化
岩波書局　1985年出版

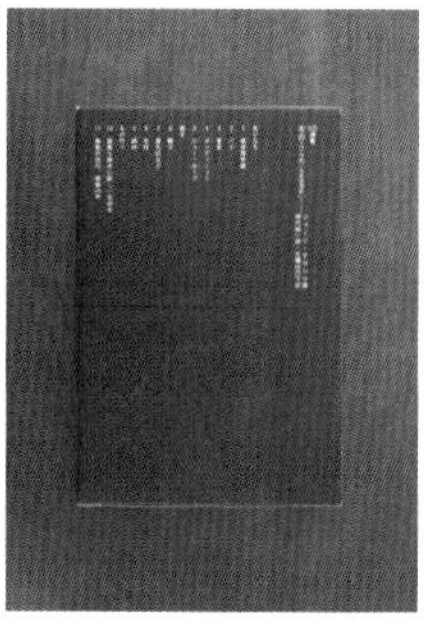
SD選書　178
木之心 木匠回想記
鹿島出版社　1983年出版

ART：「藝術」終結後的
「ART」
朝日出版社　2002年出版

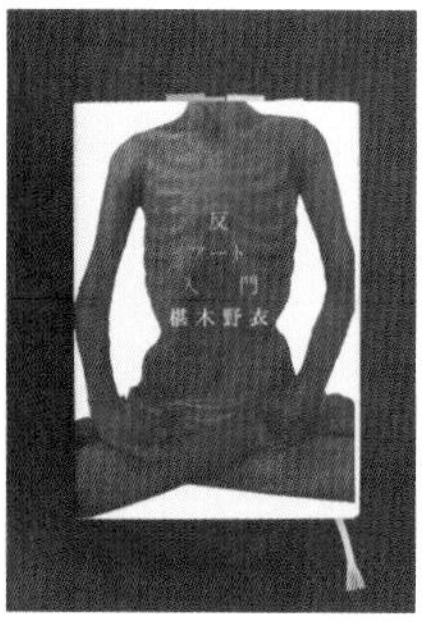
反藝術入門
幻冬舍　2010年出版

在2樓夾層設置的書房區裡，書桌後面是寬闊的木架。來自上方的照明，溫柔

ニッポンの小説
犬と鬼
現代史

料理家細川亞衣的私房食譜⑲

熊本的日日料理

細川亞衣告訴我們，
到了秋天，
厚實的、好吃的生木耳就會大出。
在陳列著來自生產者提供的新鮮食材的
農業中心（？）裡發現的生木耳，
果然又厚實又大片，
好吃得讓人嚇一跳。

料理・擺盤—細川亞衣
攝影—日置武晴　翻譯—王筱玲

要說什麼食物是來到熊本後愛上的，非生木耳莫屬了。生木耳是一種只會用在中華料理的材料，黑黑的像是會抖動似的奇妙物體。我去雲南旅行的時候愛上這種食物，自從搬到熊本後更是不可自拔。只要在市場看到生木耳，就一定會買回家，用盡所有的方法把它用在所有的料理上。

生木耳與橄欖油意外地非常搭配，要說為什麼，我想是因為生木耳也是菇類的一種吧！這麼一想就不難理解了。

去年長在庭院的芙蓉枝條上，今年則是長在藤架上。但我畢竟沒有吃它的勇氣……究竟來年會長在哪裡呢？

■材料（4人份）

生木耳（新鮮的或乾燥的）	大的8片
香菇	16～20朵
大蒜	1片
辣椒	1根
鯷魚	4片
初榨橄欖油	適量
粗鹽	適量
黑胡椒	少許

■作法

乾燥的木耳先用水浸泡30分鐘後，仔細搓洗。
生木耳的話大略洗一下，兩種都切成大塊狀。
用沾濕的紙巾擦去香菇的髒污，去掉香菇蒂。
將拍碎的大蒜和辣椒（依喜好撕碎）放入平底鍋裡開小火爆香。
爆出香味後，放入木耳與香菇拌炒。
撒上粗鹽，蓋上鍋蓋以小火悶煮。
出水後，加入鯷魚拌勻。
調整鹹味，再撒上黑胡椒。

油煎木耳與香菇

傳承兩百餘年、珍貴的糠床所醃製的醬菜

文—高橋良枝　攝影—日置武晴　翻譯—王淑儀

位於四國愛媛縣卯之町的松屋旅館是有兩百年以上歷史的旅館，聽說他們家有自豪的醬菜御膳及長年傳承下來的糠床，於是我們就前往拜訪自江戶末期至平成一直守護著兩百年糠床的第六代老闆娘。

12種不同種類醬菜的小缽盛裝在同是江戶時代傳承下來的朱漆托盤裡的模樣，美得令人為之傾倒。

松屋旅館另一樣招牌料理是當地料理「日振飯」*淋上芝蔴醬、茶水後享用。

*譯註：將新鮮的生魚片與炒過的白芝蔴、蔥花及味醂、醬油、米酒等調和後浸漬入味，倒在剛煮好的白飯上，打顆生蛋一起攪拌後食用。據說是早年日振島一帶漁夫在船上為求便利而做的餐點。

松屋旅館

愛媛縣西予市宇和町卯之町3-218

☎＋81-894-62-0013

卯之町是司馬遼太郎的《花神》中，江戶末期，一名為二宮敬作的西醫學者所居住的城鎮，同時也出現在《街道散策》一書中，沉澱在歷史底層的寂靜小鎮。

我們從松山市出發，走高速公路約一小時，穿過幾座濃綠的山野來到卯之町。在這鎮上一條名為中町的路上，建造於江戶末期，安政元年的松屋旅館便坐落於此。在這條不到50公尺的路上兩側都是古老的建築物，走過這條路就有種穿越時空的感覺，當天夏天的日光照在我們身上。

「我們家自江戶末期開始經營旅館，到我先生是第六代。此地在江戶時代是驛站，我們家的祖先松屋萬兵衛於此開設旅館，因此取名松屋。」第六代老闆娘大氣洋子懷抱著守護這間有歷史的松屋旅館之

在這間有兩百多年歷史的建築物之前，有剛下課在回家路上的小學生經過，很有精神地向我打招呼：「你好！」

責任與驕傲，語氣輕鬆地向我們說明。

豪氣的歌舞伎門、白色牆壁加上有格子拉門的「江戶座敷」客房是自古保留至今的模樣，大門旁還豎立著明治時期政治家、文人來此投宿的歷史看板，而我此次居住的房間裡也不經意地掛著犬養木堂*1的題字。

洋子女士21歲時自宇和島娘家嫁過來，從上一代的老闆娘即她的婆婆手中繼承了這傳統的糠床以及各式醬菜的作法。

「婆婆曾對我說如果可以做出好吃的梅乾就可以獨當一面了，但一直到婆婆過世後的十年，我都感到非常不安，真的要到最近二十年我才建立起自信心。」

要醃出鹹味很簡單，但要靠自然的力量將食材的原味引出來則非常困難，現年已79歲的老闆娘的話可是極具說服力。

老闆娘與先生一同守護著這家旅館，並育有四子，現在第六代老闆的身體不好，還好有長子與四子幫忙家業，老闆娘高興地說。身為老闆娘，現今還有一件重要的工作尚未完成，就是將與這家旅館一起寫歷史的糠床傳給下一代的老闆娘。

＊1譯註：犬養毅，1855～1932，木堂為其號，日本政治家，曾任第29屆總理大臣。

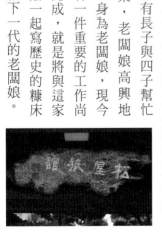

糠床是活的，為了不惹它生氣，需要每天翻動

第六代老闆娘大氣洋子。

保存著各種醬菜。

「每天都在看，所以糠床的心情好不好一看就知道。有時候糠床會碰地漲起，味道也變得怪怪的，明明每天做的事情都一樣，為何今天會如此呢？我跟婆婆一直在想是什麼原因。」

後來發現讓糠床不開心的理由是旅館要增建，將糠床一直待的地方移往別處。糠床很清楚自己習慣待的地方呢！老闆娘說著很久以前的事，卻像是昨天才發生似的。

「糠床很敏感，要是惹它生氣可就糟了，如果有好好地翻攪它，將它放在通風處，感受著春夏秋冬的四季變化，就能養出好孩子來。」

老闆娘講到糠床就像是在說自己的孩子般，口氣與眼神中透露的是滿滿的溫柔。

「我們曾請專門生產發酵物的公司來為我們家的糠床做檢驗，報告中指出完全沒有壞菌，只有多種包含酵母菌在內，可以使食物變得好吃的好菌」。松屋旅館代代相傳的糠床是裝在大木桶裡，它旁邊有個體積較小的木桶，據說是在洋子女士這一代才開始多養的。

「糠床是活的，會呼吸，所以透氣的木桶是最適合的容器，琺瑯、密閉容器會讓它無法呼吸，很可憐。」老闆娘真的很站在糠床的立場，為它著想。

大約五十年前左右的某一天，洋子女士將糠床整個翻了一次，手指突然「喀」地一聲碰到堅硬物體，心想「是什麼？」而將物體取出一看，原來是鐵製砝碼。

「我婆婆也不曉得是在什麼時代、誰放進去的，不過至今照舊放在裡面，與我們一起守護著糠床。」

松屋旅館除了糠床，也使用其他醃漬法，將當季生產的青菜以奈良漬、鹽麴、味噌、芥子、梅子醋、砂糖等各種漬料醃漬。可以創造出奈良漬醃的苦瓜與瓜類、梅子醋醃蕨菜、糠床醃的彩椒等各式食材與醃漬法的新鮮組合，令人為之驚豔。

以大盤子盛裝的松屋旅館自豪的醬菜。

後方的木桶裡是自江戶時代流傳下來的糠床，照片前方的是洋子女士這一代所做的。接觸到空氣的部分會變黑，內部則是有漂亮金黃色的糠床。

在糠床底層翻出的砝碼，不知是在什麼時代由誰放進去的。

老闆娘說時間一到就將所有的蔬菜取出，是保持糠床不壞的祕訣。

從江戶末期至平成年間，見證歷史潮流的建物群

「元見屋酒店」至今仍營業中。店內陳列著名為「開明」的熟成純米酒。

玻璃窗內的窗簾花色帶點懷舊感。

寫著酒名的酒標不知是何時貼上的？

四國遍路的四十三番禮所明石寺所在的卯之町自古以來便是遍路者時常走訪的小鎮，也有不少歷史上留名的政治家、文人來訪，只是為何他們會來到這個四國（南伊予）山間小鎮來，實在令人有些不思議。

——左轉後可見上溯至明治、大正的老房子組成的街景，看起來似是商家、大財主家多將牆壁漆成白色，與鄰居之間並建有防火牆。——（摘自司馬遼太郎《街道巡禮14》）

防火牆（卯建）是為了萬一發生火災時，防止火勢延燒，在屋頂之上再高高築起土牆的樣式，我在木曾路的馬込亦曾見過。

「右斜對面的釀酒之家也跟我們家是同時期的古建物，裡面的人家也是從祖先開始代代世居於此。」洋子女士說道。

釀酒家再過去四、五間的房子已經將白色牆壁重新粉刷整理過，讓中町的街景有了多元的色彩。再過去一條街上有二宮敬作[*1]的舊居遺跡以及高野長英[*2]隱居於此地的宅子。

這一帶有些老屋改造的咖啡店、藝廊、手工釀造醬油店，走一圈大約十分鐘左右的路程。若再往下走，還有歷史文化博物館及建於明治15年的開明學校（教育資料館）。我們來的這一天考古資料館休館，透過格子窗戶往裡面看是昏暗的室內空間，重現著早期的櫃台（收銀台），宛如看著時代劇般。

松屋旅館門口所見的中町街景，右邊的建物都受到完善的維護，保留著十分美麗的白牆，亦可見防火牆。

位於路的盡頭轉角之建物，看起來似是昭和時代的西洋建築，如今似乎是無人看管，任由風雨侵襲。

手工釀造醬酒店的店頭擺著味噌、酒粕、酒母（醪）等周邊商品。

今天沒營業的喫茶店，玻璃窗上的彩繪。

手工釀造醬酒店的天井上吊掛著手工製作的紙袋。

＊1 譯註：1804～1862，江戶末期的西醫，亦有醫聖之稱。
＊2 譯註：1804～1850，江戶末期的西醫，著名蘭學家。

器之履歷書❽

三谷龍二（木工設計師）

一段重

文・攝影—三谷龍二　翻譯—王淑儀

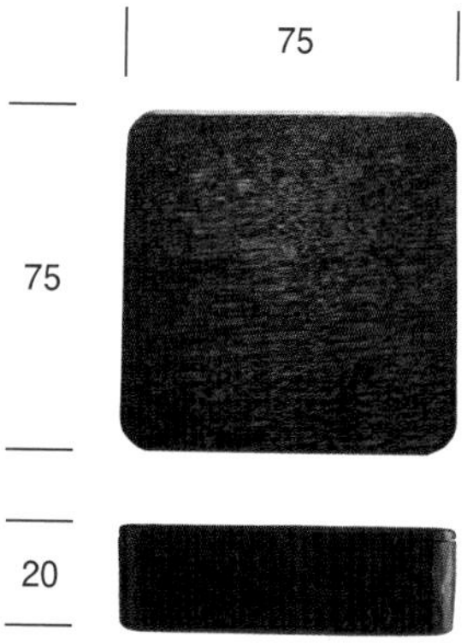

材質→橡木　塗裝→黑染拭漆

到附近公園吃午餐時所準備的便當，內有涼拌四季豆、牛肉時雨煮與紫米飯糰。

我因為住家與工作的地方都在同一處，一直都沒有所謂的通勤可言。午餐幾乎都是回家隨便煮點東西吃，從來沒帶過便當，也因此一直沒做過便當盒。

要決定便當盒的大小還真不簡單，畢竟男性與女性的食量大不同，也會因年紀而增減，再加上女性跟男性的手大小比起來也不一樣，要捉到每個人容易掌握的寬度是製作上的一大重點。

我的員工之中有人會帶便當，我都會把握機會，偷偷觀察（雖然偷看別人的便當是不太禮貌的事）。

話說回來，每天要帶便當應該很麻煩吧，比方說若要有少量多樣的菜色，不就很花時間嗎？如果只帶一道菜，那就是煮菜時順便多留一份帶便當用，總是會不小心就煮太多又剩下一些；若是要帶四、五道菜，就會這個剩一點、那個多一些（說不定只是我想太多了）。

當然每個家庭都會有自己的方法，也有人是前一天晚餐的配菜多留一部分來帶便當，隔天早上只要再做一到兩樣菜就可以了。原來每天為我們帶便當的媽媽都是這樣在腦中計算著份量、考慮著菜色分配。

我小時候最喜歡便當裡帶的是大量醬汁已入味的一口豬排。媽媽在裝便當時，會在豬排上淋甜甜的醬汁，中午要吃的時候，醬汁已經滲進豬排裡，這是只有帶便當才能享受到的美味。除此之外還有滷馬鈴薯、牛肉時雨煮等也都是我喜歡的菜，那些都是需要時間入味的菜。

這次我做著便當盒，同時也做了一個稍大的一段重。它與一人用的便當盒不同，有種與人分享的感覺，使用方法也完全不一樣。只是稍稍放大了尺寸，用途整個與眾不同，這也是製作中帶給我的樂趣。找幾個人一起去野餐，比起每個人拿出自己帶來的便當盒，秀出裡面的菜色，我覺得打開這重箱大家一同分著吃，還更有趣。

這個一段重是以厚度近7公分的橡木無垢板製作。將一塊無垢板分割成蓋子與盒身，中間挖空，最後上漆。橡木是堅硬的材質，粗獷的質地是一大魅力所在，與一般多上黑漆、細緻的真塗漆製重箱給人的印象大大迥異，可以更加隨性地使用。

真塗的重箱（我也有）簡直就是真正的重箱，在打開外頭包巾的那一瞬間，即改變了當下的氣氛。真塗的重箱不消說當然很美，但總帶著喧賓奪主的雍容華美。而這個橡木重箱不同的是，它會融入當下的情況，平時也可以輕鬆地使用，我覺得它就像是一名給人印象稍嫌薄弱的演員，個性較不強烈的人反而不會被限制角色，也讓人看不膩。

不使用蓋子，只用箱盒時，就不像個重箱，看起來只是個普通的四角容器，這一點也很得我意。這麼一來平常也能拿來裝這裝那，不會被深鎖在櫥櫃中。

擺進牡丹餅、豆皮壽司，帶著去給加班的人或是去表演舞台後頭休息室打氣，一定很受人歡迎。因有蓋而攜帶方便也是一大優點，打開時給人的驚喜感更是無價，是他方無處可找的趣味所在。

連載 飛田和緒帶你做日本各地的料理❼

千葉的漁夫料理

文—飛田和緒　攝影—廣瀨貴子
翻譯—王淑儀

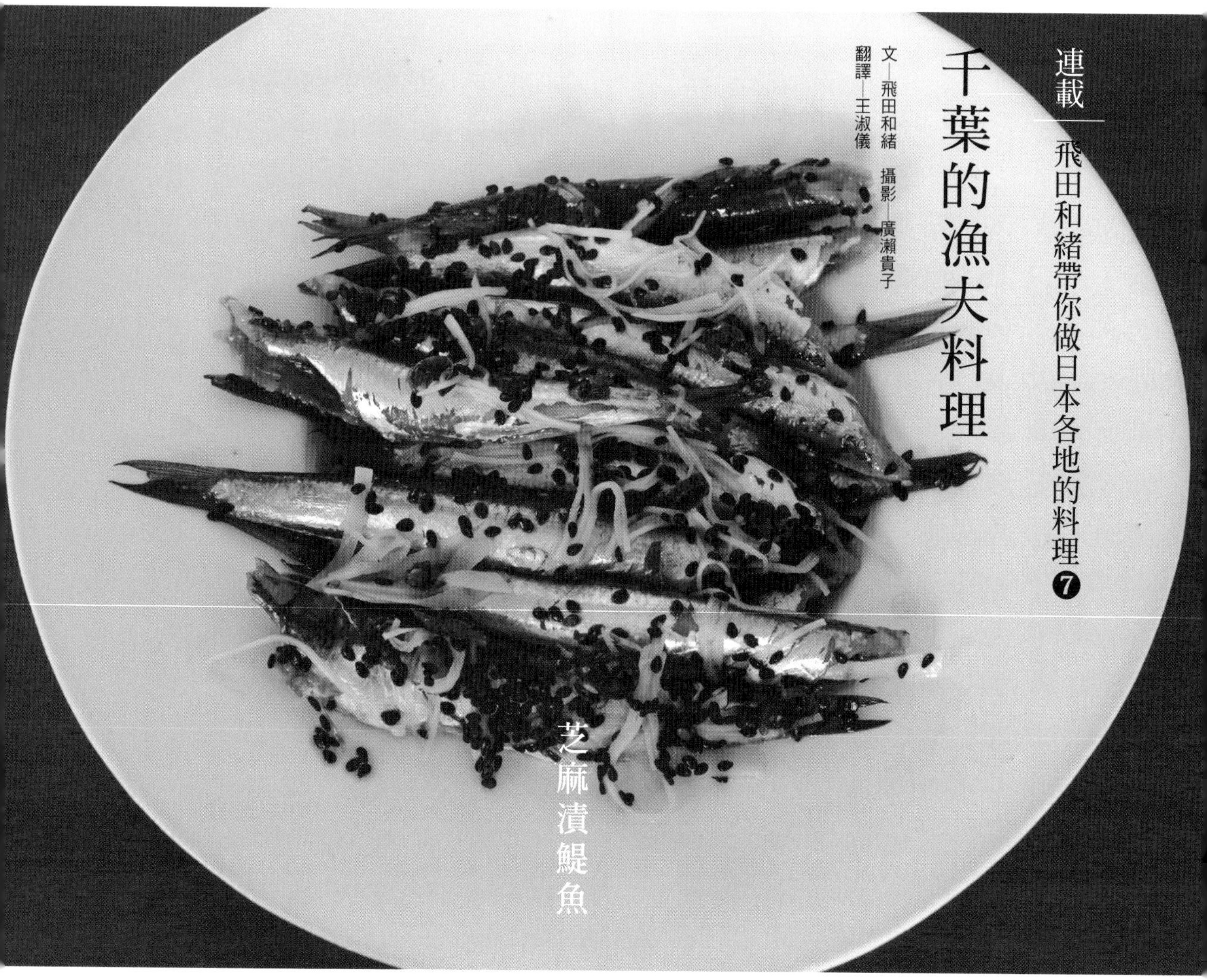

芝麻漬鯷魚

這是住在千葉銚子的朋友教我做的醃漬鯷魚。以甜醋將鯷魚確實醃漬之後，魚肉會變得更加緊實而骨頭則變鬆軟，可整隻食用。用新鮮的鯷魚來做，儘管醃了很多天，外皮仍是很有光澤的，非常美麗，簡單地油炸一下起鍋來吃也很美味。

■材料（2人份）

日本鯷……約10尾
鹽……1小匙
醋、砂糖……各¼杯
味醂……約3大匙
薑絲……1小把
辣椒……½小根（切碎）
黑芝麻……約2小匙

①將鯷魚去頭與內臟後，撒鹽，放一晚。
②將砂糖與醋倒入小鍋中加熱，待砂糖溶化後即可關火，放涼。
③將①快速洗去鹽分後，擦乾。
④在容器中放入③，倒進②，撒上薑絲、辣椒末、黑芝麻及淋上味醂。
⑤蓋上保鮮膜，上方以平坦的料理盆或盤子輕壓兩晚醃漬入味後即完成。

涼拌竹筴魚泥

我小時候有一年夏天曾在千葉海邊的民宿住了兩個星期，每天都玩到天很黑了才肯回到民宿。當時每天都吃得到的一道菜即為涼拌竹筴魚泥，吃法是在白飯上撒很多的海苔，然後放上竹筴魚泥一起吃。竹筴魚切得很碎，可以像用舔的一樣吞食的口感，應該很適合小孩子吧。當時民宿媽媽的調味是帶點甜味的，我是長大成人以後才聽說這道菜是漁夫料理。

■材料（4～5人份）

竹筴魚……約2尾
味噌……1～2小匙
醬油……少許
辛香料
　茗荷……1顆
　青蔥……5～6公分
　青辣椒或糯米椒……1～2根
　紫蘇葉……4、5片
薑……半根

①將竹筴魚去頭去骨去皮，剁碎。
②將所有辛香料都切碎。
③將①、②放在砧板上，加上味噌、醬油後邊剁邊拌在一塊。
④當所有食材變得黏稠之後即完成。

＊譯註：加進湯裡煮或是以錫鉑紙包著烤來吃都很美味。

桃居・廣瀨一郎
此刻的關注㉓

探訪 五味謙二的工作室

這個單元自連載以來，每次都是由廣瀨一郎為我們安排並與我們一同前往拜訪，從這期開始我們請廣瀨一郎親自撰稿，以他對作品、作者的深刻理解與豐富的知識背景所寫的文章，更能傳達其對作品難以言喻的喜愛。請與我們一起進入廣瀨一郎的世界。

文—廣瀨一郎　攝影—日置武晴　翻譯—王淑儀

完成的作品就這麼隨意地擺放在地上。

乾燥中的作品，雖不甚精美卻有種質樸可愛的模樣。

我與五味謙二的初次見面可推溯至5、6年前，那是在他搬來多治見的寬廣工作室之前，仍在鄰鎮的土岐所租借、與人共用窯的一間工作室裡，當時還在為如何建立自己的風格而煩惱、摸索的時期。

工作室的窗邊隨意放置的是在海邊撿拾、經過波浪淘洗，已磨去銳角而圓潤的玻璃片、漂流木、石頭等等，令人印象深刻。

「有一陣子我待在沖繩，養成去海邊散步的習慣，很自然地就開始撿起了漂流物，我為這些以人之力無法做出的美麗形狀而深深感動。我是在長野的山上長大的孩子，在那之前不太認識海洋，因此那時對海所擁有的力量十分驚異。」

他在早稻田大學時的陶藝社接觸到陶瓷器，畢業後期望能夠成為一名陶藝職人而去過幾家本州的窯場。當時各個產地的景況都不是很好，因此無人肯雇用，他就這麼尋尋覓覓，最後終於在沖繩的製壺廠找到落腳處。月薪雖只有六萬圓，但晚上師父會供餐供酒，因此一部分的薪水就成了餐費。

在沖繩過了3年，終於學到技術可以獨當一面之後移居土岐，因為有大學時代陶藝社裡頗有交情的朋友在這裡創作，於是

五味謙二正在為廣瀨一郎說明該作品的製作過程。

決定來到這裡與他一起分租工作室，邊在陶藝材料行打工邊摸索自己的創作風格。

發想來自他在長野時所見，自八之岳周邊出土的繩文、彌生土器，在沖繩接觸的PANARI壺（譯註：出自沖繩縣新城島，約在十九世紀中葉燒製的土器）以及在海邊撿拾的形狀特異之漂流物。

這些都是創作者不詳的世界裡所成立的造形。身為創作者的自己若只是受到牽引而去仿造，那也只能到一個滿是物欲、令人嫌惡的境地。因此他一度離開了它們，直到用自己的方法將它們的精髓消化、吸收為止。

自己的作品該如何才能顯現出時間積累在這些古代土器、PANARI壺身上而形成

工作室位在有舒適的風吹來的山丘上。這裡是否也是製作釣魚器具的地方呢？

耐火耐熱的容器。燒成時，將作品一個一個放進這些容器中再進窯。

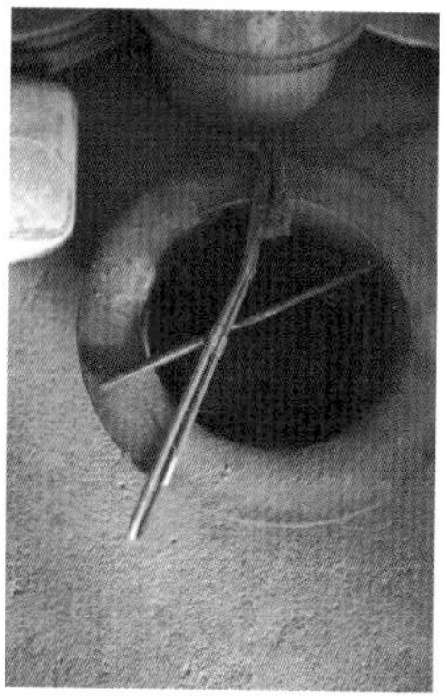

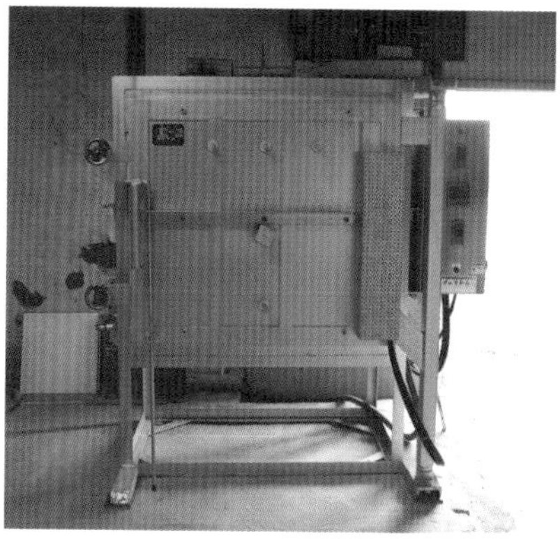

寬廣的工作室裡，有台大型的電窯，及四處可見燒成之後要將表面磨得光滑用的砂紙、釉藥。

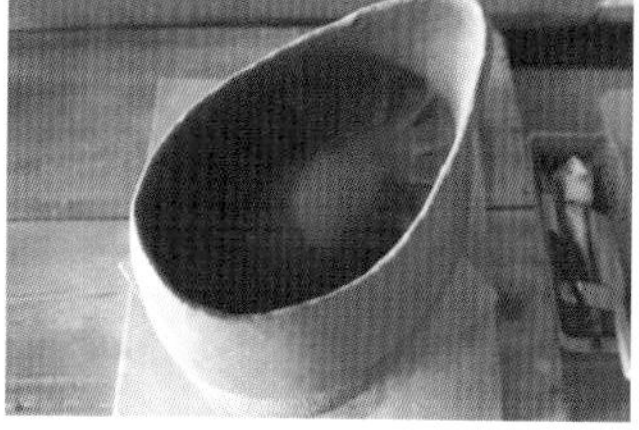

看上去像個石塊的作品，中間有個空洞。
聽了製作手法後，發現是個獨特的作品。

五味謙二
Kenji Gomi

1978年生於長野縣茅野市，2001年畢業於早稻田大學人類科學部。於沖繩那霸市壺屋修業，後在多治見設立工作室。2003年獲得現代沖繩陶藝展優秀賞，2008年獲得第7屆益子陶藝展審查員特別賞，2011年獲第4屆菊池雙年展獎勵賞、第21屆日本陶藝展銀牌、日本陶藝展賞。

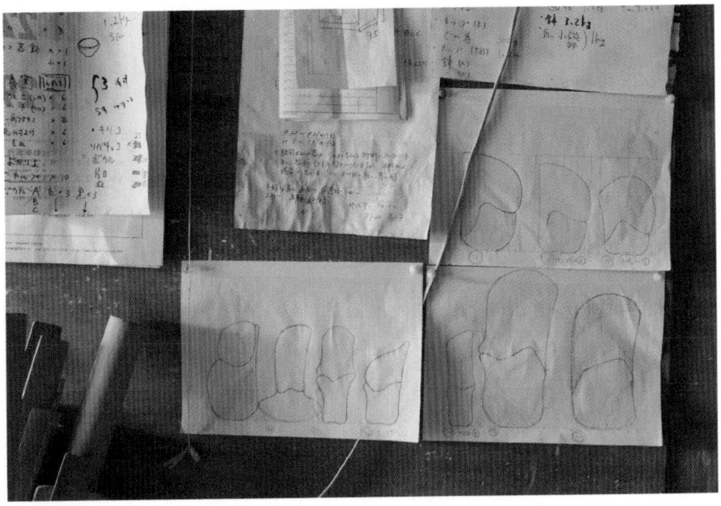

牆上隨意貼著設計畫（？）設計圖（？）。

的質感，漂流物所顯現，唯有波浪可創造的柔軟造形？這是五味謙二修行的起點。

「直到完成作品想要的質感為止，我都是戰戰兢兢、孜孜矻矻地將化粧土一層又一層地上上去、仔細地磨出想要的形狀等等，嘗試著各種方法。」

這名青年乍看之下爽朗大器，意外地竟很執著？我這麼問他，他答道：「對創作我是很執著沒錯，我在本燒的階段從來沒有一次就完成的，大概會燒上三次，而且燒成之後會再把釉藥剝掉或再磨平等，花很多工夫，但最後知道可以做出有令人滿意的結果，就沒有辦法省掉這些工夫，作業量也愈來愈大。比方說彩土器系列，最後要再放在耐熱匣裡，用米糠埋起來加熱熏燒，想要的就是炭化後的成色。」

「彩土器的造形也是有機而複雜的。」

「我想要找到只有土這個素材才能做出來的造形。土很柔軟可自由變化，卻無法抵擋重力的影響，然而經由火燒可達到另一個境界，而更有深度層次的素材也只有土而已。這些都是我想將土的可能性表現到極致而完成的形狀，從某處、有什麼降臨於此的形狀。」

「以前聽過五味說的話，對他的一句『只有土才能完成的造形、只有經過火燒才能成就的質感』印象深刻，然而見到了他的彩色土器之後，覺得好像又再次聽到那句話了，那也可說是他執著於追求自己理想中作品，最後得到的一種獎勵吧！」

「如果是這樣的話，就太好了。」

透過眼鏡看得到五味的眼睛正散發著快樂的眼神。初次見到他時，記得他也是如此眼光炯炯有神，散發出對陶瓷器純粹的熱情。

我想起一句話：「只要有心，技術一定能慢慢跟上的」。五味純粹的探究之心帶著他一點一點地朝他理想中的陶瓷器接近。在創作的同時，心裡一定要存有如詩、如音樂般的東西。這些東西在創作者混沌的心中慢慢地積累，經過時間的粹煉後，氣化、凝固，化成一件作品的模樣。

五味的作品底蘊有著可稱為伏流水的豐富的詩與音樂，為了汲取這伏流水，他不斷地努力終於達到今日的技術，之後就看他會選擇怎樣的路途開始朝山頂邁進。

2011年他已在公開展覽中獲得大獎，順勢之風正從他背後推著。

「走到這裡，已經對自己的創作品有了手感，得獎當然高興，但更重要的是我終於找到我『應該做的事』了。」

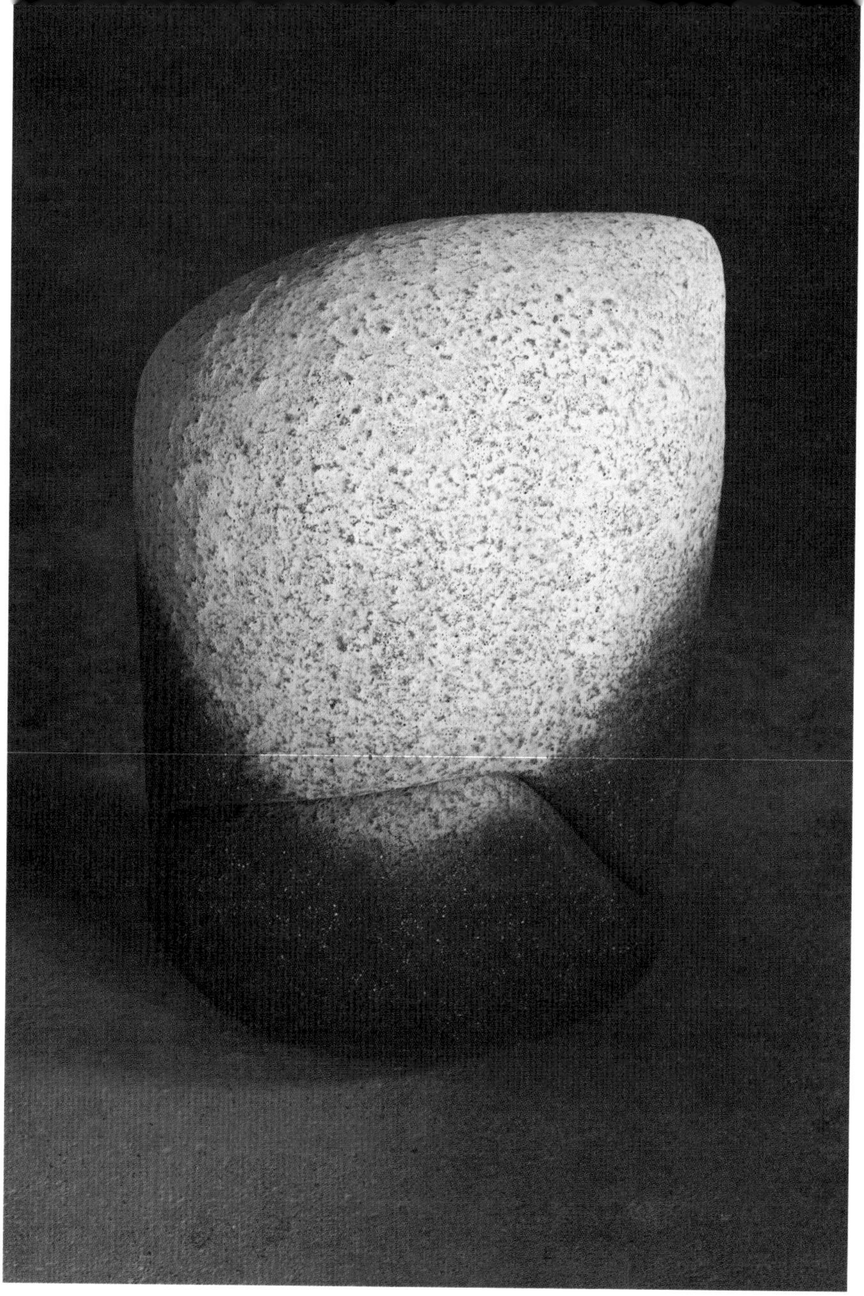

藉釉藥、燒製的技術產生的化學變化發揮獨特之存在感

彩土器分為上下兩片。若是以造形為優先，這個形狀會完全順從土性，因此創作者在不起眼的地方自由地牽引著土，照著手的期望完成下半部的塑形。趁土還很柔軟之際將上半部像是蓋上去般構成。五味說是在與土拉鋸的過程中不知不覺完成了理想的形狀時，那興奮之情總令人難以忘懷。

彩土器
■高48×寬30×深33cm

這是一個從土塊慢慢削屑而成的片口，轆轤或鑄模所無法做出來的造形，有著獨特的存在感。為追求出土土器所含的深層而靜謐的效果，塗了一層又一層的泥土，最後再淋上無光澤的特別釉藥去燒成。出窯之後再研磨表面，為了進一步炭化再次進窯燒製，最後生成了產生各式化學變化，如石頭般的肌理紋路。

片口
■高9.5×直徑12cm

桃居
東京都港區西麻布2-25-13
☎+81-3-3797-4494
週日、週一、例假日公休
http://www.toukyo.com/
廣瀨一郎以個人審美觀選出當代創作者的作品，寬敞的店內空間讓展示品更顯出眾。

公文美和的攝影日記⑰

美味日日

虎屋的螢

開花了！

千惠的咖啡

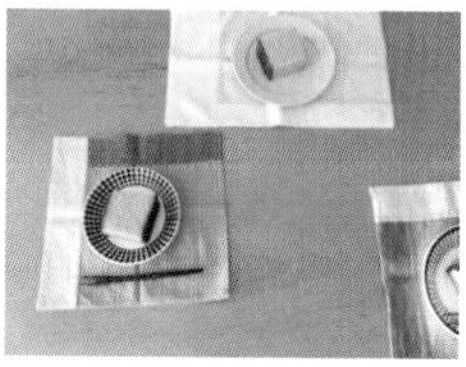
搭配漂亮的顏色

田裡的教室

絞肉

手工做的椅子

磅蛋糕

柚子口味

在田中央

牆壁上是料理特集

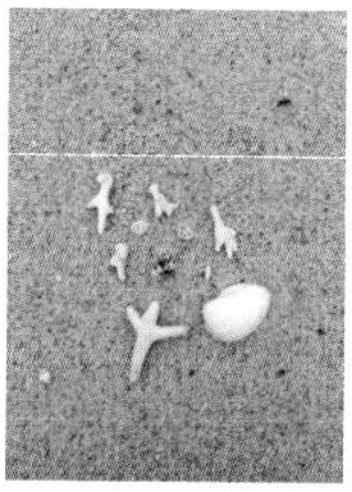
自然的形狀

飯店的午餐

散步中的發現

香氣四溢

伐木的椅子

南蠻點心「zabieru」

深夜的水果

高知的義大利番茄
San Marzano

日本酒bar

山上的散步之後

釜飯

分來的麵包

我喜歡鴨湯蕎麥麵

CHIANTI
（義大利式食堂）

種子

咖哩午餐

漬洋蔥

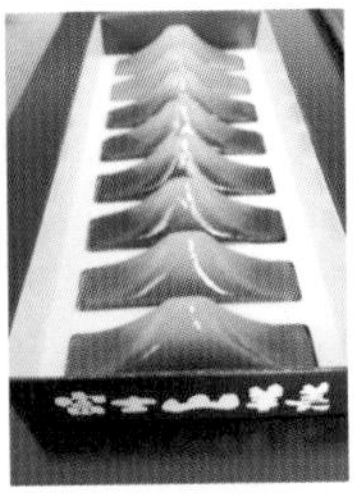
伴手禮

鑄鐵鍋之會

分來的麵包

非常香的水

甜點

鮮明的富士山

讓身體暖和的料理

好喝的茶

拍攝的午餐

小青蛙小姐的檸檬酒

有益眼睛

五合目的天空

食堂MINATO

遠野

貝果禮物

大份量的午餐

Hammock Cafe

炸豬排三明治便當

香草園

初摘的大吉嶺

可愛的廚房

夏天的天空

店裡的書櫃

咖啡店的玫瑰

笑臉圓圓專案＊

七草很漂亮

杏桃起司蛋糕

拍攝的午餐

新花卷車站

＊註：東日本大震災後讓災民製作點心販賣的援助專案

日日・人事物⑯

愛上金多兒筍

文・攝影—施穎瑩

長在陡峭坡壁上的金多兒筍。

楊長老身手靈敏，一個翻身已經迅速連採好幾支筍。

移居台東池上的好友女食神阿嬌，平常尋找食材，極為挑剔，當她邀請我一起入山裡「採筍」時，抱著相當大的好奇心，因為小時候住在山坡旁，每到夏天就跟著鄰居阿姨是去「挖竹筍」，筍子怎麼能用採的呢？

就在八月底，從北往東，踏入瑞穗能雅部落，第一次這麼近距離，爬上斜坡親手採斷傳說中的「金多兒筍」。

過去總以為挖筍，必須得像鄰居阿姨般的大師級人物，全憑經驗，用手摸摸，就能在濕濕的土堆裡，以長扁形鋤頭挖出剛冒的嫩芽，當時不知就裡，當然只會挖已經冒出泥土，卻不知綠竹筍一旦突破土面與陽光接觸，行光合作用後，顏色由嫩黃轉為綠色，稱為烏腳綠竹，味道苦澀，不適合當冷筍涼拌、也不能煮成筍湯，在物資匱乏年代，就製作成加工品筍乾。

行前，只有被叮囑著穿著雨鞋，到了能雅部落，跟著楊長老們，不見他們帶任何工具，心想：「徒手挖筍？真是厲害！」

通往山裡的途中，在陡峭的山坡上，楊長老突然指著一個竹林說：「這幾天

楊長老（右）和夫人（中）表示，每年一到產季，附近居民也會採筍醃漬保存起來，留著慢慢吃！

剛下過雨，雨越下得多，金多兒筍越甜啊！」看他身手敏捷地爬上去，用手一折，就把翠綠細長的竹子折斷，然後迅速地又連拔幾根，熟練地交給長老夫人手裡，當我還在狐疑時，阿嬌已經忍不住說：「這不是出青爆長的烏腳綠竹？怎麼會好吃？」

採筍只需要腳力、體力和雙手，剝筍借助一把小彎刀，長老夫人一句口訣：「割、轉、切」，兩、三下就把一支重280克的金多兒筍，剝出僅有55克，因為每一節都只能取約5公分的最嫩端，極為珍貴，難怪煮好的筍湯，如此脆甜。

楊長老請我們嘗試採摘，果真很容易折斷，體型比箭筍略粗的金多兒筍，到了長老夫人手中，僅用一把小彎刀，俐落地把外殼切除，取中間筍身，不到十分鐘就把13斤的筍，切成一截截，像水管般呈空心狀，只有靠頂端部位是實心。

拎著這批筍子，回到阿嬌家中，我們先用鹽水汆燙過，接著用石頭壓水一晚，隔天清早，先把筍子放入白水中煮透，不需要任何調味料就能勾出筍的清甜，接著才放入放山雞熬煮，沒多久就

阿嬌頂著大太陽，在瓜篷下曬筍。

一把小彎刀，看似輕鬆，但是要做到割、轉、切的把每一節最　筍身切下來，非一般簡單。

出現金黃鮮澄的色澤，入口鮮甜無比，從未吃過，這種似有若無的苦、口感是可以感覺得出纖維卻又吃不出來，連出生在筍園的阿嬌，也被這種獨特的脆感所征服，讚嘆這是近幾年來唯一讓她感動的食材……

其實，真正讓人感動，聽楊長老述說起他父親時代的部落裡，金多兒筍可混身是寶，熟齡的金多兒竹可以用來蓋房子，在一次颱風災害後，部落對外道路斷絕快一個月，全村缺糧狀況下，靠著進食這筍救活了大家，所以又有著颱風筍之稱。

阿美族語稱呼KINGTOL，漢字譯音為金多兒筍，外形長得有點像箭筍，竹節較為粗大，一般產期從6月至11月，採收後需馬上剝殼、取每截最上端最嫩的地方食用，能被保留的部分極少，只有親赴當地，才能吃到新鮮滋味。

金多兒筍原棲於高山坡壁，不易摘採，此筍為當地特有之野生植物，全台灣只有此處產量最多品質最好，曾經有人拿到花蓮光復鄉栽種，但長得沒那麼好。

金多兒筍的生長棲地需要空氣、水源

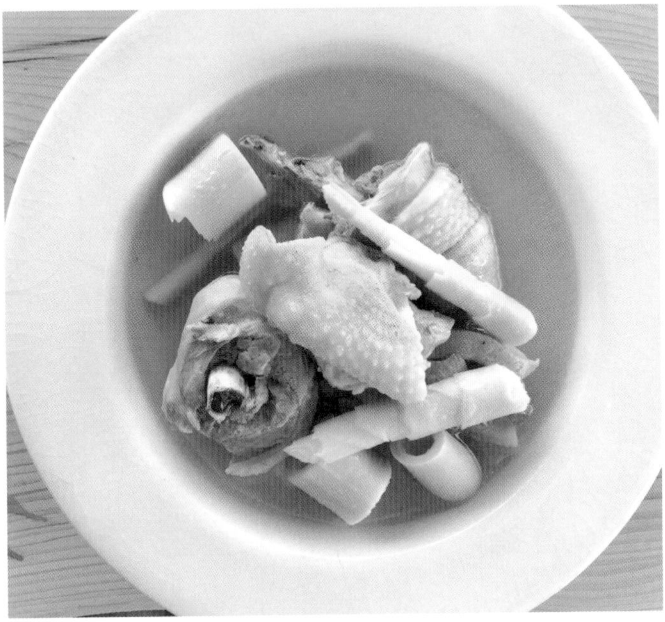

經過一個早上的曝曬，金多耳筍收乾水分，散發香氣，煮雞湯、烤鹹派都呈現特殊風味。

及特殊溫度與濕度條件良好的環境，生長不易，以體能、時間換取的食物，總是特別珍惜。而此筍的口感非常清甜，尤其是下過雨後的筍更甜，纖維極細，阿美族人最簡單的吃法，就是以水煮掉苦味，抹點鹽或醬油配著酒一起吃，想要保存的話就是醃漬起來，部落婦女單單加鹽，醃個兩、三天或更久，想吃就拿出來炒辣椒肉絲、煮排骨或雞湯，光是想像口水就會直流。

只可惜，現在部落的年輕人個個到都市去發展，剩下老人們，採不了多少，每年豐年祭，遊子們回來，個個都會幫忙上山採筍，單單水煮抹鹽，吃進這一口清脆，不但解了鄉愁，也深深緊扣遊子的心。

而當我嘗過金多兒筍之後，就被這花東的原生滋味給迷惑住，一直勾起想要重新料理它的欲望。幸好有部落阿姨幫忙，才能在盛產季節，從山裡取得這充滿感動的野生滋味，更感謝廚神阿嬌，在小器生活料理教室的秋季發酵課，把廚房移到戶外，與大家一起分享近幾年最令她感動的食材「金多兒筍」！

用台灣食材做美味料理❸

阿嬌老師的發酵食

自製鹹冬瓜

被暱稱為女食神的阿嬌老師，
今年開始在小器生活料理教室授課。
善用台灣各地好食材的她，
要將過去老祖宗的智慧——現在最夯的發酵食，
傳授給大家。
新鮮的冬瓜，煮湯、燉煮都鮮甜好吃，
但將冬瓜做成發酵食，再重新加入料理中，
卻是另一番美好滋味。

■材料
（1罐，約直徑7公分高15公分）
冬瓜——1.2公斤
鹽——120克
米醬——500克
糖——適量
米酒——少許

■做法
①將新鮮冬瓜切塊，約8立方公分。
②用鹽抹上冬瓜醃漬、壓水一晚，壓水重量為1：1.5。
③接著將冬瓜日曬一天，最少9小時，最佳日曬時間為早上7點到下午4點。
④將市售的米醬洗掉上面的菌後曬乾。
⑤將玻璃瓶洗淨後消毒，底層先放入米醬，然後一層冬瓜、一層米醬，直到放滿整瓶。倒入米酒封頂，撒上糖，放在室溫陰涼處，耐心等候3個月，即可開瓶享用。

鹹冬瓜雞湯

■材料（10人份）

放山雞——半隻

鹹冬瓜——2塊

高湯——3.5升

■做法

①雞肉剁塊備用。

②鹹冬瓜放入高湯中，以小火熬煮，不要蓋鍋蓋，先把冬瓜味道和香氣煮出來，大約1小時後，再加入雞肉，續煮40分鐘即可。

食譜提供、照片—小器生活料理教室

34號的生活隨筆⑮

夏季醃漬工作初嘗試

圖・文—34號

今年夏天，我終於有機會嘗試自己做嚮往已久的古早味醃漬物，除了興奮外，其實戰戰兢兢深怕失敗。在鳳梨豆醬、天然發酵豆腐乳、與漬鹹冬瓜的三堂課中，阿嬌老師特別提醒我們，白露之前，得將今年夏天的發酵醃漬工作完成；果不其然，在白露前一天氣溫就已然驟降，明確感受到秋天的來臨，不得不佩服古人的經驗與智慧。

每年陽曆9月7日或8日，為節氣「白露」，俗話說：「白露秋分夜，一夜冷一夜。」白露已是典型秋天的節氣，太陽直射地球的位置逐漸往南移、北半球的日照時間一天天縮短、太陽照射的強度也隨之減弱。古人觀察自然以及經驗所致，告訴我們夏季的發酵與醃漬要在白露前完成，不無道理，因為曆書上記載：「斗指癸為白露，陰氣漸重，凌而為露，故名白露。」顧名思義白露來臨，天氣轉涼濕氣加重，夜晚草木上可見白色的露水，因此這時若還進行醃漬工作則容易使食材發霉。除此之外，夏天與秋天存在空氣中的常駐菌也不同，進而會影響醃漬物的風味。而醃漬前置作業之一需要大量陽光曝曬食材，白露之後日照時間與強度減少，少了夏天炙陽的輔助，食材無法達到需要的乾燥程度，也就做不出成功好吃的醃漬物，時令節氣與我們的生活一直是息息相關。

今年初次挑戰自製鳳梨豆醬、天然發酵豆腐乳、與漬鹹冬瓜，應用這三樣古早味便可延伸變化出多種美味料理，可惜的是住在城市裡反而不如鄉間容易取得；這原是家家戶戶媽媽的手做家庭味，現代社會卻只能以市售品替代手做，市售品總令人擔憂添加物與食材挑選是否謹慎，這幾年一直想做卻因為沒經驗不敢放手嘗試，幸運的是小器料理教室竟然請來阿嬌老師開課，說什麼也一定要去上課！

上過課後，在有陽光的日子裡，分批淘洗曝曬，7、8月的陽光將冬瓜、豆腐曬得乾爽還添上太陽的香氣。非基因改造有機黃豆豆腐、無毒冬瓜、有機土鳳梨、有機砂糖、純米酒與老師挑的米豆醬，仔細裝罐封起，等待時間醞釀慢慢發酵。期待一年後開罐便有鹹冬瓜蒸魚、鳳梨苦瓜雞湯、豆腐乳拌青菜、鹹冬瓜蒸肉等等安心的手做美味在我們家的餐桌出現。

器之手帖台北展

策展 日野明子

2015.10.03-10.14

+g

xiaoqi+g 台北市赤峰街17巷4號 02-25599260 facebook: xiaoqiplusg

日々・日文版 no.25

編輯・發行人——高橋良枝
設計——渡部浩美
發行所——株式會社 Atelier Vie
http：//www.iihibi.com/
E-mail：info@iihibi.com
發行日——no.25：2011年9月1日
插畫——田所真理子

日日・中文版 no.20

主編——王筱玲
大藝出版主編——賴譽夫
設計・排版——黃淑華
發行人——江明玉
發行所——大鴻藝術股份有限公司｜大藝出版事業部
台北市103大同區鄭州路87號11樓之2
電話：（02）2559-0510　傳真：（02）2559-0508
E-mail：service@abigart.com
總經銷：高寶書版集團
台北市114內湖區洲子街88號3F
電話：（02）2799-2788　傳真：（02）2799-0909
印刷：韋懋實業有限公司

發行日——2015年10月初版一刷
ISBN 978-986-92325-0-0

日日 / 日日編輯部編著. -- 初版. -- 臺北市：
大鴻藝術, 2015.10　48面；19×26公分
ISBN 978-986-92325-0-0（第20冊：平裝）
1. 商品　2. 臺灣　3. 日本
496.1　　　　　　　104005077

日文版後記

日文版第25期如果要回到原本預定的九月初發行，時程上的安排會幾乎是不可能，但最後總算可以如預定的時間發行，讓我鬆了一口氣。

這是旅行時間很長的一週。星期一、二在四國的卯之町，星期三前往岐阜縣多治見市當天來回，星期五又去了三浦半島的三崎。儘管天氣預報說是多雲偶雨的天氣，但幾乎都是晴天，而且非常熱。

三崎過去曾經是到處都高掛鮪魚料理招牌的小鎮，但睽違已久之後的再次到訪，卻有了一番新氣象。在自詡為三崎觀光大使的伊藤環的導覽下，我們漫步於三崎。

商店街裡有將過去的倉庫改造為器物的藝廊「器皿與生活 sol」，是宇都宮出身的菊田悟所經營的。在港口前的「港口食堂」，老闆是年輕的木工職人君島久雄夫婦。年輕人似乎為這個小鎮帶來新的氣息。成為這股牽引力量的似乎是與伊藤環交情相當好的君島。希望有一天可以悠閒地來了解他的生活。

（高橋）

中文版後記

九月初去了一趟關西，雖然是緊湊而匆忙的行程，但是藉由當地導覽人員的介紹，重新認識了京都祇園，也在神戶的竹中大工道具館更深入地了解日本與木相關的職人與道具。旅行時眼睛所見、相機所拍都覺得意猶未盡的時候，最好的方法就是帶一本書回來。

剛好這一期介紹了好幾位職人與創作者的書櫃，讓我也跟著特集中的提問，看著自己的書櫃，自問自答了一番。

這一期有幾個奇妙的巧合，專欄作者34號交稿之後，我才發現她所寫的製作醃漬物內容（作者事先並不知道本期有哪些內容），正好與這期所提到的松屋旅館「百年糠床製作醃漬物」，以及「用台灣食材做美味料理」專欄中，阿嬌老師用發酵食製作料理不謀而合。多麼美妙的巧合啊！就讓我們欣賞書櫃、閱讀《日々》之後，動手做一頓美味的醃漬物料理吧！

（王筱玲）

大藝出版Facebook粉絲頁 http：//www.facebook.com/abigartpress
日日Facebook粉絲頁 https：//www.facebook.com/hibi2012